藏在身边的自然博物馆

植物馆

李青为　主编

张颖　著
宋瑶 刘正一
王安雨 高佳乐　绘

在身上

童趣出版有限公司编　　人民邮电出版社出版
北　　京

序言

中国科学院院士致小读者

人类文明的产生和延续离不开植物，植物是人类社会存在与发展的根基。从古至今，人们的衣食住行、生产生活与植物息息相关。本套丛书从不同角度描绘了人们身边的植物，把“在客厅、在厨房、在郊外、在身上”的相关植物追根溯源，并以温暖的手绘图画的形式呈现给小读者们。

书中“观察笔记”也是不可或缺的部分，在传播知识的同时，作者充分考虑到孩子们喜欢动手探究的特点，把动手实践环节融入其中，增加了本书的科学性和趣味性。

本套丛书以孩子们喜爱的方式展示了生活中形形色色的植物，在突出科学性的同时兼顾了艺术性，是一套值得小读者阅读的科普读物。

主编的话

植物的世界

曾经和一位朋友在微信里聊天，我把喜欢的植物照片与他分享，他笑言："看来植物都差不多，因为都是绿色的。"我想可能大部分不了解植物的朋友都会有类似的感觉，但如果你停下脚步，仔细观察身边的植物，就会发现它们的千姿百态，就能发现一个不一样的世界。

植物的世界是丰富多彩的。有的植物的叶状体（即无真正的根、茎、叶分化的植物体）大约只有1毫米宽，比如芜萍；有的植物叶片直径能超过2米，如王莲；有的植物花香悠远，如九里香；有的植物花朵臭不可闻，如巨魔芋；有的植物可以高达百米，如巨杉；有的植物只能贴着地面长大，如葫芦藓。

植物的世界是充满智慧的。在漫长的演化过程中，猪笼草叶片的前端长出了一个"捕虫笼"，笼口的蜜露是虫子致命的诱饵，如果不小心掉下去就会被消化得只剩躯壳；酢浆草在公园里很常见，细心的朋友会发现，当果荚成熟后只要有一点儿外力，里面的种子就被弹出去很远，这是酢浆草妈妈为孩子能有更广阔的空间而做出的努力；还有石榴，红红的果实是鸟儿无法抵御的诱惑，易消化的果肉给鸟儿提供了营养，而种子却完好无损地随粪便排出，这些粪便为种子萌发提供了上好的肥料；还有各种“诡计多端”的兰花，为了传宗接代把昆虫骗得团团转……

植物的世界是异常残酷的。绞杀榕的种子有可能被鸟儿带到大树上，一开始长得很慢，但等到它的根接触到大地后一切就已经注定。无数逐渐增粗的根限制了附生大树的生长空间，枝叶几乎遮盖了所有阳光，若干年后被攀附的大树消失，绞杀榕取而代之……菟丝子则更加直接，种子在土中萌发，遇到寄主则缠绕而上，茎上长出“吸器”，直接吸取寄主的水分和养分；还有植物界的“杀手”紫茎泽兰，凭着巨大的后代数量与神秘的化感物质，摧枯拉朽般抢占着土地。而这些，只是看上去平淡无奇的绿色世界中小小的插曲。

植物的世界与人类是息息相关的。小朋友们，你们知道吗，我们呼吸的每一口气，都含有植物光合作用产生的氧气；吃下去的每一口饭，都直接或间接来自植物；甚至身上穿的衣服都有可能来源于植物。大自然孕育了我们，当我们沐浴在温暖的阳光下尽情游戏的时候，是否想过要多认识一下身边不起眼的花花草草，多认识一下这个亿万年来陪伴着我们的神奇世界？

需要特别说明的是，本书涉及植物分类信息参考 APG IV 系统、多识植物百科网与 iPlant.cn 植物智平台。本书编纂完成耗时近三年，因百科知识复杂，有精选的讨论，有表达的讨论，也有排版的讨论等诸多有深度、有创意的讨论。尽管做了很多，但还有很多不足之处，敬请各位同行和读者指正。

我把这套书献给对世界充满好奇和热爱的孩子们。快来吧！走进这座大自然的博物馆，这里有很多秘密等待我们去探索哟！

李青为

中国科学院植物研究所北京植物园

目录

穿在身上的植物 /1

给你点儿“颜色”看看 /9

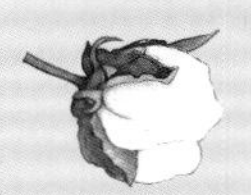

穿在身上的植物

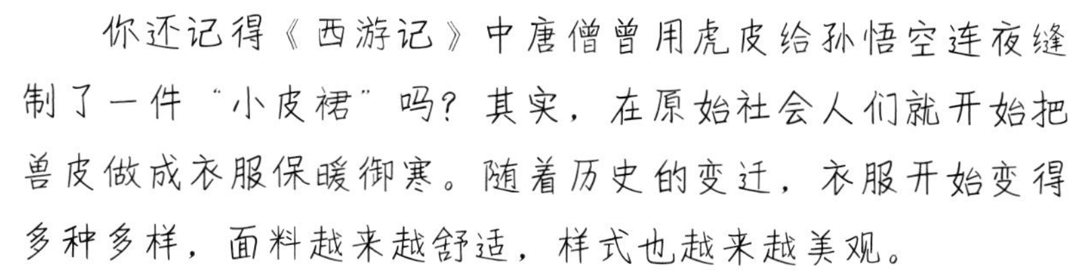

你还记得《西游记》中唐僧曾用虎皮给孙悟空连夜缝制了一件“小皮裙”吗？其实，在原始社会人们就开始把兽皮做成衣服保暖御寒。随着历史的变迁，衣服开始变得多种多样，面料越来越舒适，样式也越来越美观。

丝绸华贵轻盈，自古以来就是上流社会的宠儿；麻布透气清爽，柔软耐洗，直到现在也是重要的衣物材料；葛布吸湿散热，古人多用葛布制作夏季的衣服；棉布柔和贴身、透气性好……让我们一起到大自然中，去寻找这些布料在大自然中的原型吧。

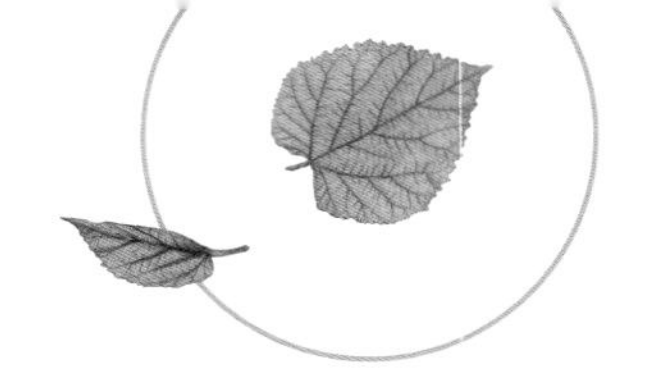

桑树——“丝绸之路”的起点

桑树，木兰纲，桑科，桑属；乔木或灌木

我们常用“绫罗绸缎”这个成语形容一个人衣着华贵，其实绫、罗、绸和缎是丝绸的四个品种哟，而且在古代，只有富贵人家才穿得起绫罗绸缎呢！丝绸是我国文明的代表之一，而汉代“丝绸之路”的开辟，让我们用丝绸打开了与西方国家交流的大门。那么丝绸和桑树有什么关系呢？它们之间靠蚕宝宝连接起来。蚕宝宝吃桑树叶子长大，吐出珍贵的蚕丝，蚕丝能制成顺滑的丝绸。

丝绸是秘密

养蚕缫（sāo）丝在古代可是高级机密呢！欧洲人非常喜欢丝绸，但他们完全不知道丝绸是怎么造出来的。据说东罗马帝国的皇帝还曾派传教士来“偷窃”。传教士把桑树种子和蚕卵运到欧洲，养蚕技术这才慢慢传遍世界。

种子“快递员”

鸟儿们很喜欢酸酸甜甜的桑葚。桑树的种子就藏在桑葚里，种子不能够被消化，会通过鸟儿的粪便排出，从而得到传播。

丝线有 1000 多米？

“抽丝剥茧”的本意就是说在制作丝绸之前，要把蚕宝宝结出的茧一层一层剥开，进行抽丝。一粒拇指大小的蚕茧就能剥离出1000多米长的丝线呢。

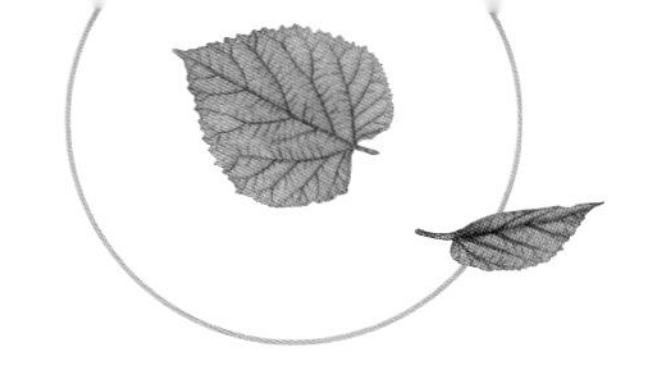

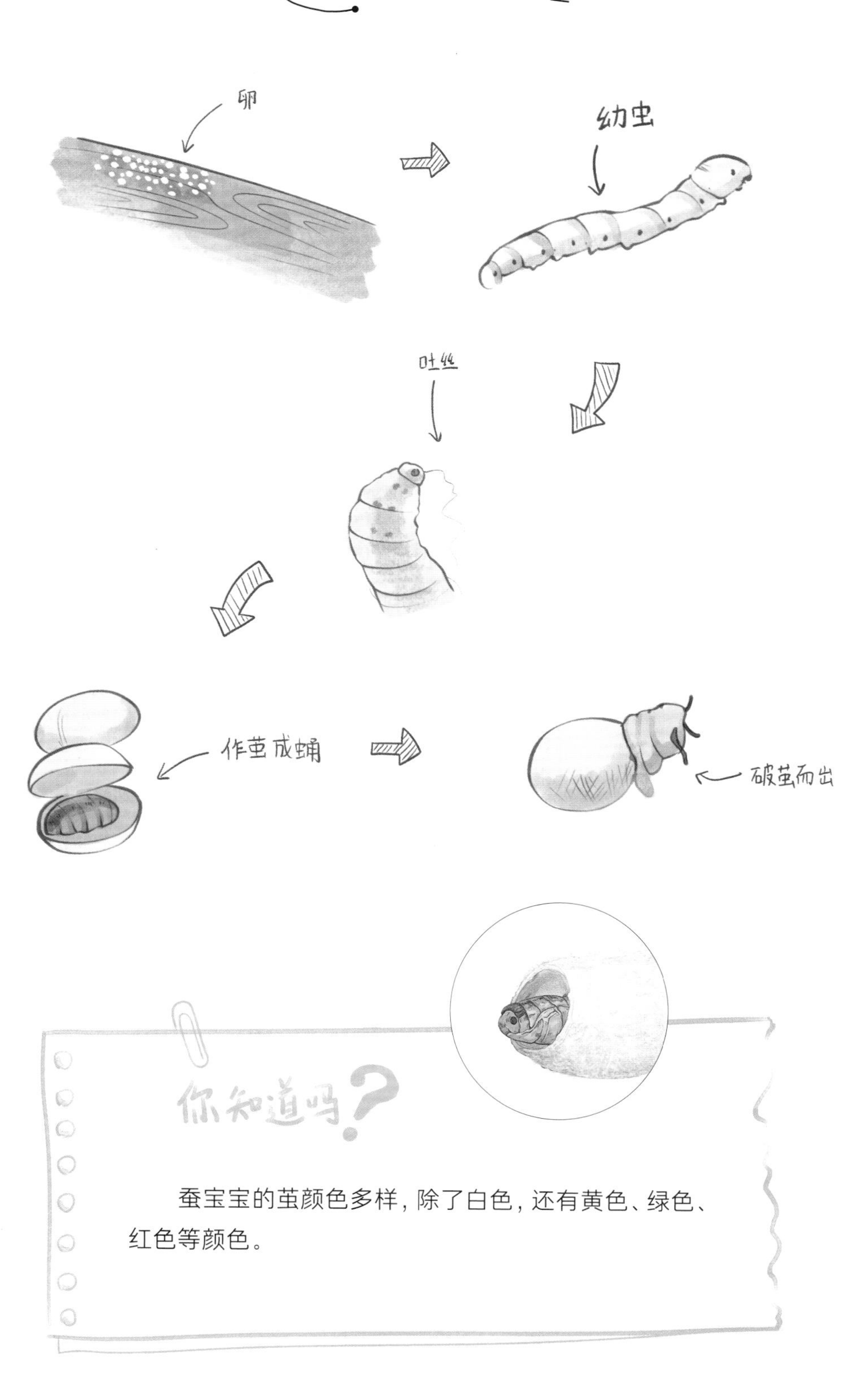

蚕宝宝的茧颜色多样，除了白色，还有黄色、绿色、红色等颜色。

蚕宝宝最爱桑叶

桑叶是蚕宝宝的最爱，虽然家蚕也能吃柞（zuò）树叶、榆树叶、生菜、莴苣叶等，但它们最爱吃桑叶，尤其是白桑叶。

桑树会保护自己？

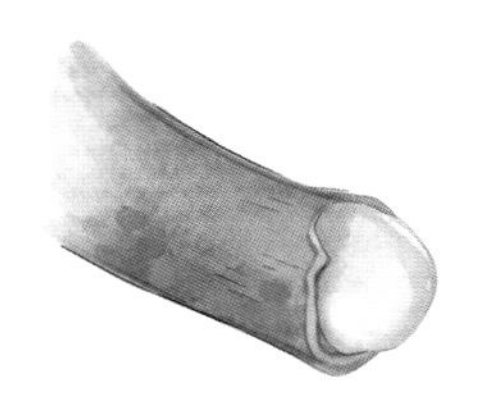

桑树有两种自我保护的武器，第一种是桑叶分泌的白色乳汁，它会使吃桑叶的虫子消化不良甚至丧命。另一个武器更神奇：乳汁中还会发送“信号”，吸引马蜂、麻雀等“盟友”过来清理害虫。

棉花不是花

陆地棉，木兰纲，锦葵科，棉属；草本或亚灌木

要睡觉啦，填充着厚厚棉花的被子，真是柔软又温暖。棉布是非常贴合我们皮肤的布料，有着非常悠久的历史。棉布的类型分好多种，它们大多来自一种共同的植物——陆地棉。陆地棉高1米左右，顶端看起来像云朵一样的小球不是花，而是果实。陆地棉是世界上种植范围最广的棉花品种之一，也在我国各产棉区广泛栽培，如新疆棉区、长江中下游平原棉区以及黄河下游平原棉区等。

真花会变色

陆地棉真正的花朵在早上刚开放时是白色或淡黄色的，下午会渐渐变成粉红色，过一夜后会再变成紫红色。

棉花的种子有毒吗?

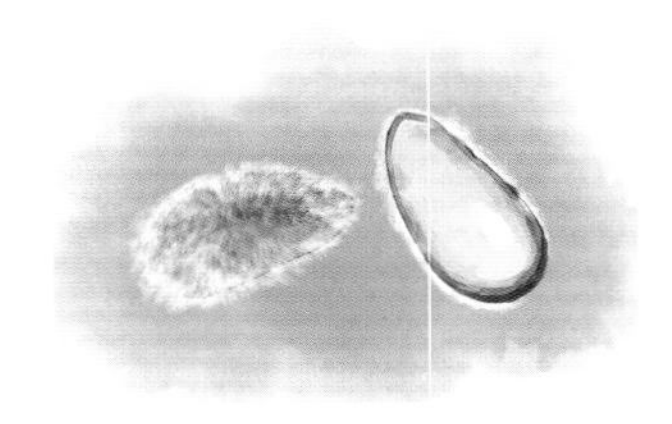

棉铃里藏着陆地棉的种子，这些种子里含有有毒的棉酚，这种有毒物质可以保护它们不被昆虫取食。

棉花宝宝成长日记

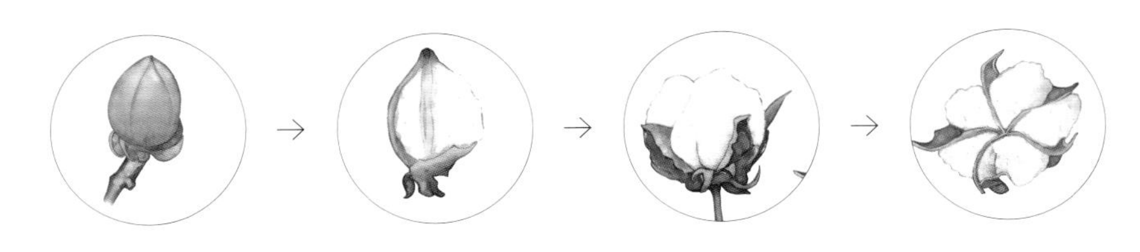

陆地棉的花凋谢了之后，会留下圆球状的果实，这种果实叫作棉铃；棉铃会慢慢开裂成3～4瓣，雪白而蓬松的棉花就会“爆”出来啦。

棉花大变身

棉花采摘下来，用纺织机纺成一根根的棉线，缠绕起来，就变成我们看到的这种线团啦!

棉花不仅可以用来制作布料，还能用来制作纸币呢。我们用的纸币主要原料就是棉花。

好棉花的秘密

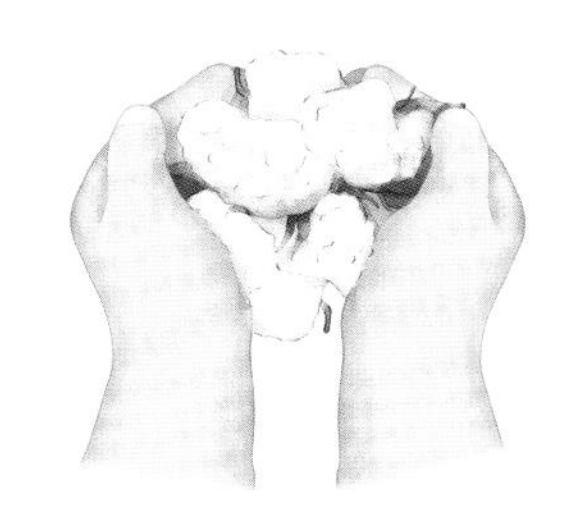

用手就能辨别棉花的好坏，一团棉花拿在手里，用手揪一下，如果棉绒很长，这就是好棉花。如果一揪就断，说明棉花的质量就不太好。

棉花里有蜜?

棉花有叶脉、苞叶、花内3种蜜腺，分泌的蜜非常多，所以蜜蜂特别喜欢去采棉花的蜜。棉农伯伯在保护棉花的时候，也会格外注意保护蜜蜂。

麻织物之亚麻

亚麻，木兰纲，亚麻科，亚麻属；草本

在夏天，我们都爱穿透气性强、清凉感十足的衣服，亚麻质地的衣服绝对是理想之选。在被织成亚麻布之前，亚麻有着一副非常漂亮的身材，细长的茎上开着像小伞一样的花朵，一片开花的亚麻田远远看去十分美丽。人类利用亚麻已经至少有上万年的历史了，而且现在亚麻在我们的生活中也十分活跃，除了亚麻质地的衣服，非常流行的“亚麻色”就是来源于亚麻纤维的颜色。

古老的亚麻织布工艺

亚麻发达的韧皮纤维是织造亚麻布的主要原料，它们历经反复的浸泡、发酵、漂洗、暴晒和风干等过程，才能变成软的亚麻布。

香气扑鼻的亚麻籽

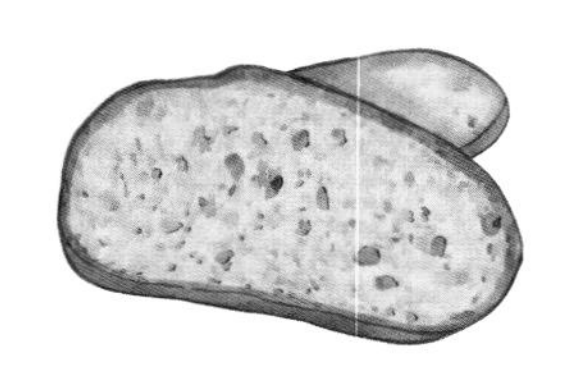

亚麻籽经过压榨后得到的亚麻籽油是营养价值很高的食用油。具有独特香气的亚麻籽还可以加入面粉中，烘焙出好吃的面包。

亚麻的洗涤秘籍

亚麻的质地非常柔软舒适，还有一种特别的光泽。亚麻布料的缺点是易缩水，所以洗的时候一定要用凉水哟。

你知道吗？

亚麻被古埃及人称为“用月光编织的面料”，埃及木乃伊就是用亚麻布包裹的，因为埃及人相信这种做法会让灵魂永生。

麻织物之苎(zhù)麻

苎麻，木兰纲，荨麻科，苎麻属；灌木

爸爸妈妈的衣橱里，一定挂着一两件麻织品衣服，它们穿起来清凉舒适，是夏天的最佳选择。麻质地的衣物历史非常悠久，在很长时间内都是普通百姓的重要衣物来源。早在《诗经》中就有“东门之池，可以沤（ōu）纻（zhù）”的诗句，纻指的就是苎麻。苎麻是麻制布料的天然来源之一，苎麻原产于东亚地区，产量很高，至少3000年前人们就用苎麻茎中的纤维来织衣物了。

毛茸茸的苎麻

苎麻的茎和叶柄上都长着毛茸茸的短糙毛，但并不扎人。

苎麻的色彩

苎麻容易染色，所以颜色很丰富，而且苎麻纤维有着丝绸般的光泽。但它的缺点是缺乏弹性，反复折叠容易形成褶皱。

编一双小草鞋

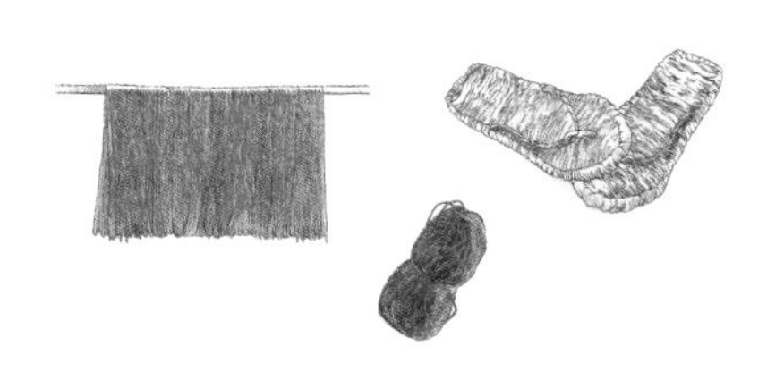

苘（qǐng）麻也有强大的纤维，不过材质较硬，所以更多是用来编织草鞋。

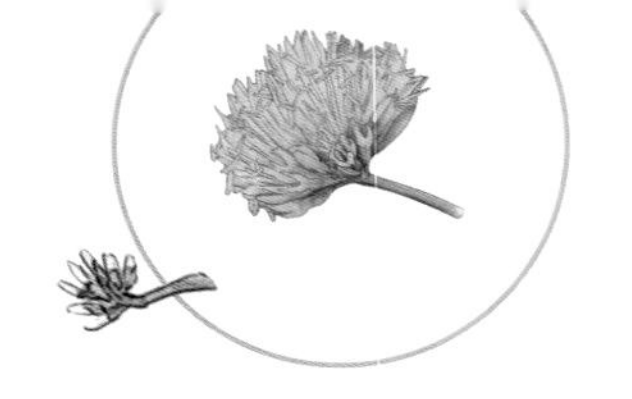

麻织物之剑麻

剑麻，木兰纲，天门冬科，龙舌兰属；草本

虽然都叫“麻”，不过剑麻长得可与苎麻一点儿也不像，远远看去倒像是一个巨大的菠萝栽在土里，因此剑麻还有一个名字叫“菠萝麻”。剑麻原产于墨西哥，它的叶片呈莲座式排列，成熟的剑麻叶片有 1~1.5 米长。开花之前，一株剑麻通常可产生 200~250 枚叶片，像一个巨大的“刺儿头”。剑麻纤维非常强韧，能被加工成剑麻地毯、钢丝绳芯、捕鱼网、麻袋等。

小心！剑麻有刺

剑麻的叶子像一把细长的“剑”，在每把“剑”的末端还有扎人的尖刺，小朋友们一定要小心哟。

剑麻地毯能防滑

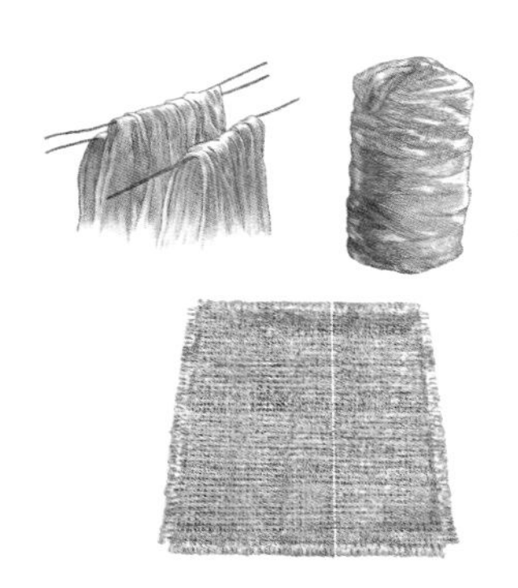

粗糙的剑麻纤维织成的地毯，不仅非常好清理，还能够防滑。有些剑麻地毯还会混入羊毛，使质感更加柔软。

剑麻开花“节节高”

剑麻的花茎粗壮而高大，可以达到 6 米呢。剑麻的花盛开时会散发出浓烈的气味，花期过后花序会掉落珠芽，它们能够发芽成为新的剑麻。

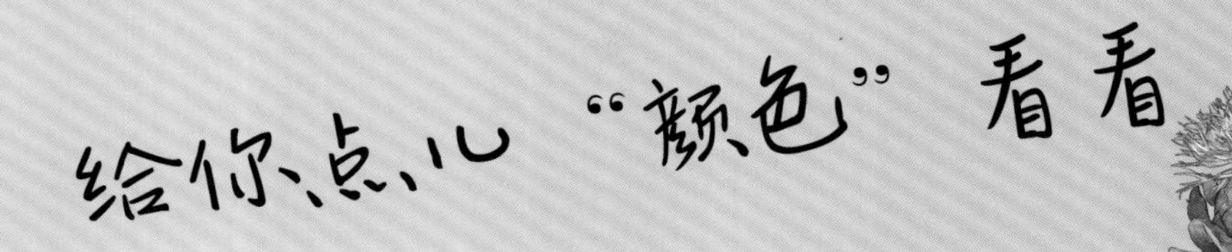

给你点儿“颜色”看看

古代人穿的衣服一开始并没有很丰富的颜色，大多数都是天然材料本身的颜色。随着人们审美的提高，给衣服染色逐渐成为一门有趣的学问。古代的染料全都是从大自然里来的，具体来说，是从矿物、植物、动物身上提取的。其中，利用植物来染色是主流，这就是“草木染”。草木染操作简便，染出的织物不易脱色，颜色也比较自然，深受大众喜爱。直到今天，人们还在沿用草木染的方法。

皇帝的龙袍是用什么染的？唐朝女性喜爱的石榴裙是什么染的？常见的蓝白相间的碎花布又是什么染的？让我们跟随古人的智慧去了解一下吧！

青出于蓝而胜于蓝

板蓝，木兰纲，爵床科，板蓝属；草本

小朋友，你一定听过“青出于蓝而胜于蓝”吧，这里的“蓝”可不是蓝色，而是指能染出蓝色的植物，板蓝就是这样一种植物。人们很早就发现，板蓝经过处理后可以把棉布染成漂亮的深蓝色，所以以前我国中部、南部和西南部地区都会栽培板蓝，以采集它的叶片加工成蓝色染料。多年来，板蓝一直是传统扎染界的“主角”，在影视剧里，我们经常会见到女性穿着蓝色扎染的衣服，这些蓝色大部分都来自板蓝。

花朵是“铃铛”

板蓝的花朵就像粉紫色的“小铃铛”，不过我们很少能见到这些可爱的“小铃铛”，因为板蓝一般在开花前就已经被收割了。

板蓝的“蓝”在哪里？

板蓝明明是绿色，为什么是蓝色染料呢？其实，板蓝的蓝色来自一种叫靛苷的物质，那是一种可溶于水的无色透明化合物，要经过多次处理才能显现出蓝色呢。

它们也能染出蓝色

除了板蓝，能染出蓝色的还有欧洲菘蓝和蓼（liǎo）蓝。这两种植物中都含有靛苷，能提取蓝色染料。

太阳的颜色

姜黄，木兰纲，姜科，姜黄属；草本

黄色是所有颜色中最活泼的颜色，能给人一种积极、快乐的感觉。神奇的大自然也馈赠给了我们能染出黄色的植物，姜黄就是典型的代表。姜黄是一种草本植物，喜欢温暖湿润的气候，在东南亚地区以及我国广东、广西等地都有种植。姜黄能染色的部分是块状根，看长相就知道它和生姜是“亲戚”，但它比生姜更多汁，颜色也更深。

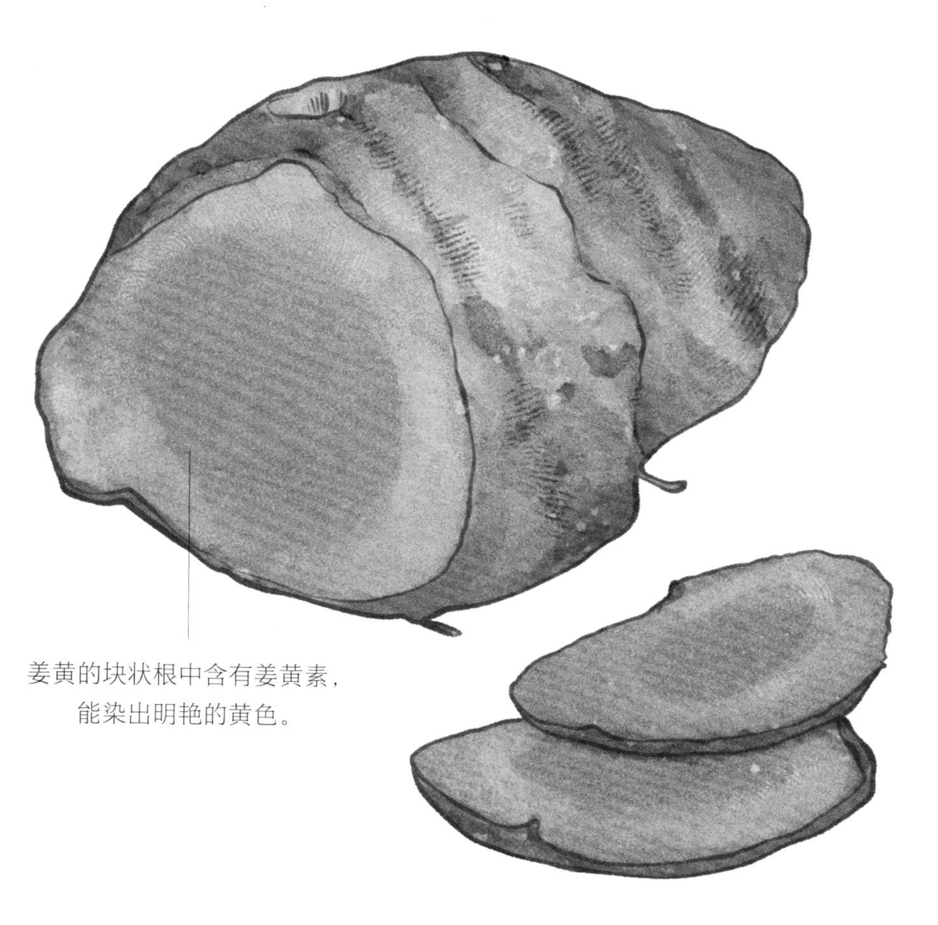

姜黄的块状根中含有姜黄素，能染出明艳的黄色。

姜黄是咖喱味？

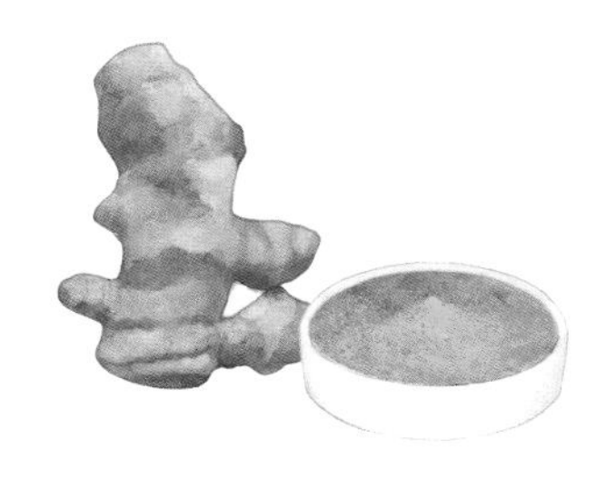

姜黄是咖喱粉的重要原料，不仅决定着咖喱的颜色，还担当着咖喱气味的主角。

“高颜值”的姜黄

姜黄属于芭蕉目，其叶子又宽又大，花朵像一座宝塔，颜色也很丰富。姜黄的花朵常在印度的传统婚礼上作为新娘的戒指或腕带。

姜黄美食

姜黄通常会在各种美食中展现其染色能力，除了咖喱，姜黄还可以加入牛奶中，制成美味的黄金牛奶，在各种甜点中也会有其黄澄澄的身影。

近朱者赤

红花，木兰纲，菊科，红花属；草本

红色是最能代表中国文化的颜色，许多喜庆、吉祥的图案都是红色的。早在古代红色就已经是一种流行色了，那么古人主要是用什么来染出红色的呢？答案很简单：红花！红花原产于中亚地区，它们能染出最鲜艳、最纯正的红色，人们把用红花染出的红色称为“真红”或“猩红”。

古代爱美的女性都会用红花制成的化妆品。

红花饼不能吃

别误会，红花饼可不是食物。为了保持色彩和便于储存，聪明的古代人会将去除黄色素的红花压制成饼，用红花饼染出的红色会更鲜艳。

红花是黄色？

作为植物的红花开出的花朵却是以黄色或橙黄色为主色的，这是因为除了红色素，它也同时含有黄色素。

红花籽油

红花是一种油料作物，种子可以用来压榨食用油。红花籽油的营养价值和热量都很高。

近墨者黑

盐肤木，木兰纲，漆树科，盐肤木属；小乔木或灌木

你可能见过奶奶的染发剂，里面通常会含有五倍子这种成分，它们是将白发染黑的神秘主角。五倍子来自于一种叫盐肤木的树，不过它们不是盐肤木的果实，而是树木异常发育出的部分。有些蚜虫寄生在盐肤木上，树上会形成一种叫“虫瘿”的块状物，它们会成为一些昆虫宝宝的“小房子”。虫瘿经过处理就成了五倍子，里面含有丰富的水解单宁，是很理想的天然染发剂。

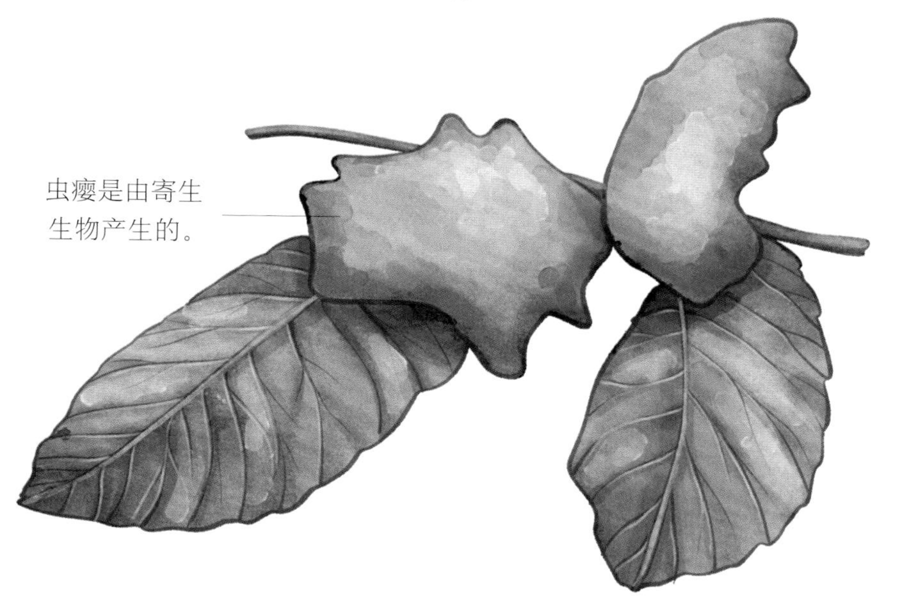

草木染

除了染发，五倍子也能为衣服染色，五倍子染出的布料颜色是漂亮的灰紫色。

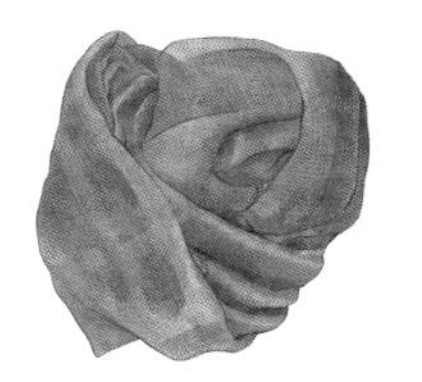

五倍子虽然用处很多，但虫瘿是由昆虫寄生引起，通常对植物有害，它们会减弱盐肤木植株的光合作用，影响植物的生长。

盐肤木的“皮肤”有盐吗?

盐肤木果实的“皮肤”上覆盖着一层像盐一样的白霜。在古代，人们会用这种果子给饭菜调味。

小房子，大房子

寄生昆虫在盐肤木的叶片上取食也会形成疙瘩状的虫瘿，但只有在叶轴处才能形成较大的五倍子。

红得发“紫”的紫草

紫草，木兰纲，紫草科，紫草属；草本

紫色自带高贵优雅的气质，获得了众多“粉丝”的追捧，春秋时期的齐桓公就很喜欢穿紫色的衣服，还带起了“一国尽服紫”的风潮。人们很早就在大自然中发现了可以染出紫色的植物——紫草，紫草能染色的部分是它紫红色的根部，紫草的染色效果会根据材质的变化而改变，丝绸能被紫草染成鲜亮的紫色，而紫草染的棉布颜色则略显暗淡。由于工艺复杂，且容易掉色，今天我们已经很少利用紫草来给布料染色了。

紫草的花不是紫色？

滇紫草

虽然叫紫草，但是紫草的花却是白色的，而同属于紫草科的滇紫草开的花则是紫色。

红得发“紫”

软紫草

唐朝时期，紫色曾一度和红色并列被称为最受欢迎的颜色，紫草随之“身价大涨”，甚至有供不应求的趋势。后来人们开始使用产自新疆的软紫草，它们能染出最为浓艳的紫色。

制作紫草手工皂

紫草还能用来制作手工香皂呢，小朋友们可以和爸爸妈妈试一试哟。

把幸福快乐戴在身上

“清明插柳，端午插艾”，早在古代，人们就开始把气味芳香、造型可爱的植物当作饰品佩戴在身上了。在端午节，人们会把菖蒲和艾草挂在门口或戴在身上，寓意着保佑家人健康吉祥；重阳节登高的人们会在身上佩戴插满茱萸的布袋，寓意延年益寿。还有一些压型好看的植物，如角堇、雏菊、绣线菊和绣球等，可以做成耳环、项链等饰品。这些植物不仅能让我们尽情欣赏植物的美，还寄托着人们对于幸福和快乐生活的向往。

大自然的魔法耳坠

苘麻，木兰纲，锦葵科，苘麻属；草本

还记得可以编织小草鞋的苘麻吗？它们最喜欢长在田间、地头、路边，是一种野生的植物。苘麻的叶片是心形的，黄色的小花和小磨盘似的果子很有个性。而且，苘麻的花朵也能佩戴在身上哟！摘下花朵，稍微拉一拉，花朵就会变得黏黏的，把它们贴在脸上，戴在耳朵上，就成了简单又漂亮的饰品。

星星“印章”

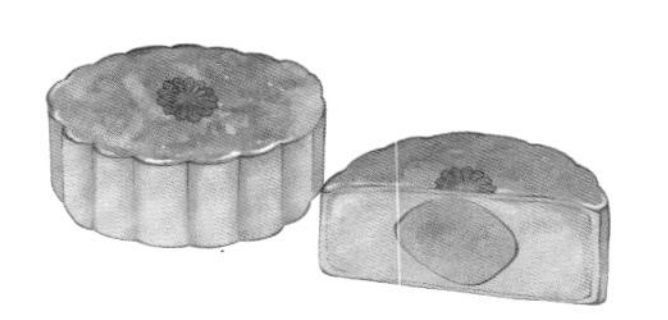

苘麻成熟的果实蘸上红色素，就能做“印章”哟。传说苘麻受到月亮女神的眷顾，可以带给人们光明。在我国不少地区，中秋节时会用苘麻的果实在月饼上“盖章”，印出的图案就像一颗颗小星星。

一串“风铃”

苘麻有一个漂亮的“近亲”，叫作悬铃花，其盛开的花朵像一串串迷你风铃，非常可爱。

可爱的小麻果

掰开一个苘麻果实，你就能看到苘麻的种子，两三个籽一个“房间”。苘麻籽不仅好看，还很甜呢。

炸裂的“耳环”

凤仙花，木兰纲，凤仙花科，凤仙花属；草本

听名字就知道凤仙花是一种仙气十足的花，它们花色鲜艳迷人，有粉色、红色、紫色等，在花丛中特别醒目。你瞧，凤仙花的两对侧生花瓣就像凤凰展翅欲飞的样子。除了这两对“翅膀”，它们还有一枚花瓣向后延伸成细管状的“距”，里面盛满了甜甜的花蜜。

凤仙花的果实一旦成熟，便会急着炸裂开来，把果实里的种子炸得满地都是，这时的种皮就变成了卷曲的“耳环”。把它们戴在耳朵上，别提有多别致了！

你知道吗？

凤仙花的“家族”超级庞大，成员约有900余种呢！如果它们举办“家族聚会”，那得要多大的一个花园才放得下呀！

凤仙花是指甲油？

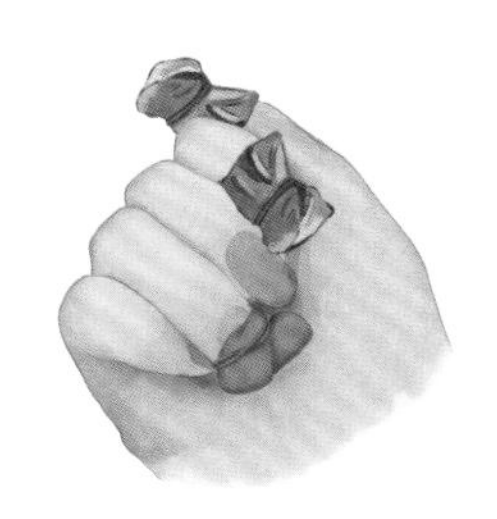

凤仙花又叫指甲花，可以用来染指甲。把凤仙花的花朵捣碎，加入适量的明矾，涂抹在指甲上，用叶子包住，过三四个小时取下来，指甲就被染成漂亮的颜色了。

“暴躁”的种子

漂亮的凤仙花为什么是个“暴脾气”呢？原来凤仙花需要靠这种弹射的力量来传播自己的种子。这种依靠自己力量传播种子的方式叫作自体传播。

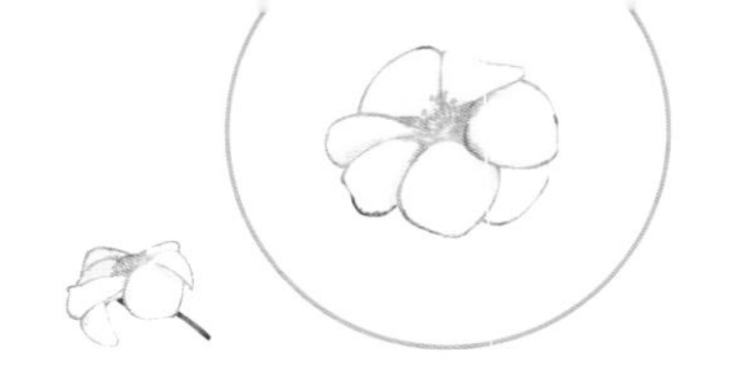

春天的雪花

珍珠绣线菊，木兰纲，蔷薇科，绣线菊属；灌木

春天也能看到雪花吗？其实那不是真的雪花，而是一种叫喷雪花的植物。它们会在四五月的晚春开放，洁白而繁密的小小花朵们热闹地挤在一起，远远看去，还真像是一片积雪呢。喷雪花的植物学名称叫珍珠绣线菊，简洁的颜色加上小巧的造型使它有了另一个名字——“珍珠花”。喷雪花枝条细长，可以做成花带，也可以利用滴胶制成耳坠，简单又漂亮。

精美的“雪花”

喷雪花的花朵非常小巧，直径6~8毫米，精致又可爱。

叶子会变色

喷雪花又被称为雪柳，因为它们的叶片又薄又细，有些像柳叶。到了秋天它们会变成橘红色，明艳美丽。

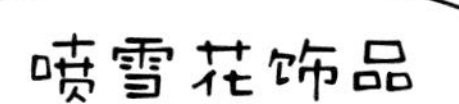

干花滴胶

把干花用滴胶封存起来，既能保留花朵的美丽，还能当作装饰品，小朋友们可以试试哟。

雏菊是菊花的宝宝吗？

雏菊，木兰纲，菊科，雏菊属；草本

除了喷雪花，还有一种体形娇小的花也会被爱美的女孩子当作饰品佩戴在身上，那就是雏菊。它们看起来像是还没长大的菊花，所以有了“雏菊”这个可爱的名字。它们绽放着稚嫩的脸庞，欢欢喜喜迎向太阳。因为雏菊人见人爱，人们培育出了各种品种的雏菊供人观赏，所以雏菊虽小，但家族相当庞大。雏菊的故乡在欧洲，意大利人尤其爱雏菊，还把它定为意大利的国花呢！

花期有多长？

雏菊花期很长，有的能绽放90天之久。早春时节，许多花还在睡梦里，雏菊就已经探出小脑袋，默默开放了。

“好奇宝宝”雏菊

雏菊生长速度非常快，种下一颗雏菊种子，一周左右就能看到小小的叶子钻出土壤。雏菊一定是个好奇宝宝，着急来看看这个大千世界。

戴一朵小雏菊

雏菊图案可谓遍布我们生活的每个角落：被子、包包、衣服、耳坠、头花等。

端午节“主角”艾草

艾，木兰纲，菊科，蒿属；草本

端午节到来，除了粽子，艾叶也是当之无愧的“主角”，许多家庭会在门口悬挂艾叶来保佑一家人健康平安，也有爱美的女孩子把艾草跟其他的花一起编成花环或缝制成香囊戴在身上，不仅好看又好闻，还同样有着盼望幸运和福气的美好寓意。艾草是一种生命力很强的植物，除了极干旱和极寒冷的地区，它们几乎遍布我国各地。艾草的叶片是暗绿色的，背面还有白色的茸毛，茎和叶有独特的香气，不但能让人感到神清气爽，还能驱赶蚊虫呢。

是香还是臭？

艾草的香气很浓，但对于不喜欢这种气味的人来说，可能就不是香味而是臭味了。

绿油油的小团子——青团

艾草也会在美食界“大展身手”，江浙一带有在清明节制作青团的习俗，主要食材就是艾草。青团混合了艾草的清凉和豆沙馅的香甜，十分可口。

试着制作美丽的艾草花环吧

串一串草珠子

薏苡（yì yǐ），木兰纲，禾本科，薏苡属；草本

植物的果实也可以做成漂亮的手串哟！草珠子就是其中一种。听名字就知道草珠子是一种像珠子一样圆溜溜的植物果实，它们来自一种叫薏苡的植物。薏苡长在温暖潮湿的池塘旁、房屋旁或者农田里，所以草珠子在农村可谓随处可见。草珠子成熟后就会变成五彩斑斓的小珠子，圆滚滚的十分可爱。在农村地区，人们还会将草珠子串在一起做门帘呢。

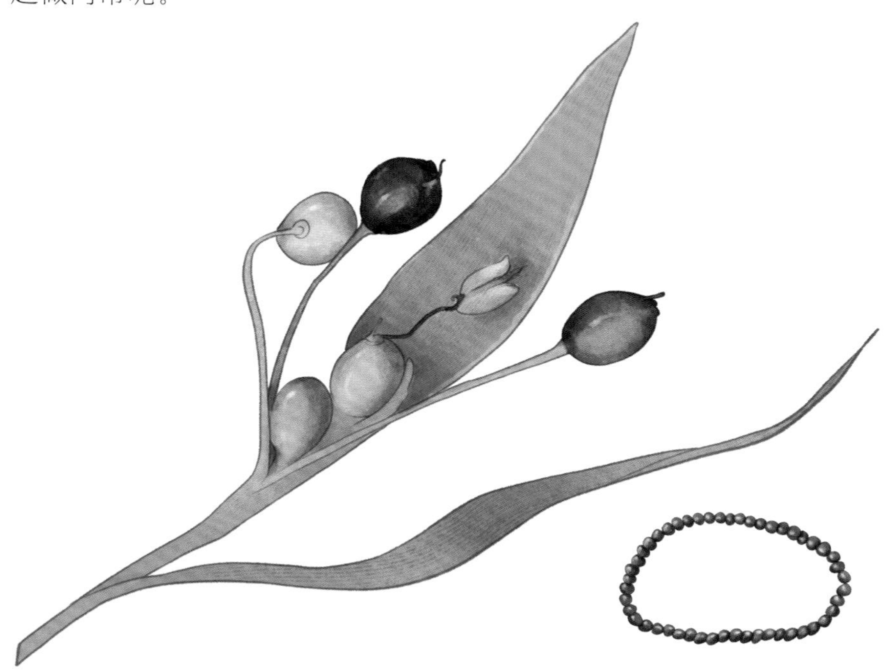

喝一碗薏米粥

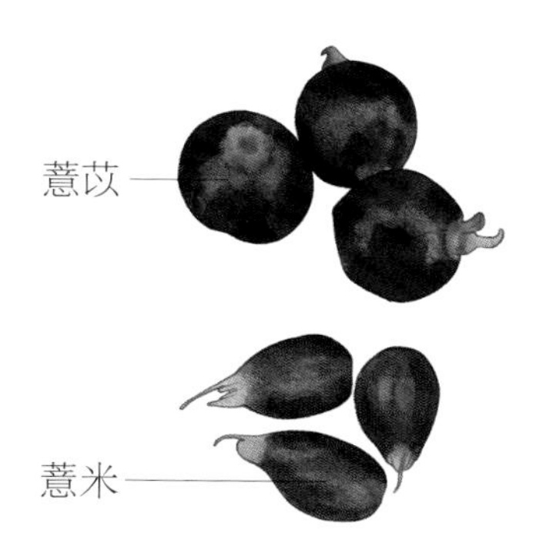

你一定喝过薏米粥吧，薏米是薏苡的“近亲”，它们不仅穿着相似的“外套”，脱了“外套”也都是乳白色的。不过草珠子的个头比薏米要大一些。

它们还能养蘑菇？

薏苡秆和其他物质混合，就能做成蘑菇的培养基质。我们常吃的口蘑有许多就是用薏苡秆制成的基质培养出来的哟。

草珠子的变色“魔术”

草珠子是个变色“小能手”，不同的颜色代表它们处在成长的不同阶段。刚刚结果的草珠子是草绿色的，慢慢会变成深绿色，然后是肉色、褐色，最后会变成灰色、白色或者蓝紫色。

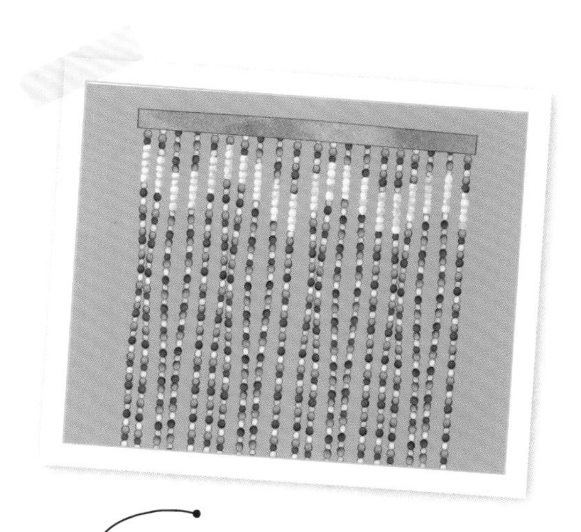

草珠子门帘

观察笔记：洋葱皮的太阳色

小朋友，看到前面介绍的“草木染”，你有没有觉得很神奇呢？是不是有跃跃欲试的感觉？

你肯定知道洋葱吧？常见的洋葱有紫皮洋葱和黄皮洋葱，黄皮洋葱的皮薄薄的、黄黄的，一层层剥下来，通常都被当作厨余垃圾扔掉了。今天要给大家介绍的，就是如何充分利用洋葱皮，给自己的衣服亲手染上大自然的色彩。

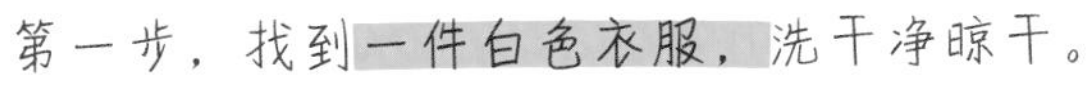

第一步，找到一件白色衣服，洗干净晾干。

第二步，把剥下来的洋葱皮泡在盆里，洋葱皮越多，染出来的颜色越深。

第三步，把洋葱皮煮一煮，大概40分钟后，就可以关火啦！

第四步，在水里泡一个晚上，然后把洋葱皮拿出来，染液就基本做好了。

第五步，把衣服放进染液中浸泡，浸泡时间越长，颜色越深。

第六步，衣服被染上颜色后，拿出来用凉水冲一冲，然后晾干。

一件太阳颜色的衣服就做好啦！把这件衣服穿在身上，一定很好看！

观察笔记：DIY 植物胸针

小朋友，你收集过秋天的落叶吗？其实，用秋叶、小草、小花就能制作胸针哟，它纯真自然，别有一番风味。试想，戴上自己用叶子亲手做的胸针，那该多美妙、多有意义啊！还等什么？快来尝试一下吧！

第一步，从户外捡拾叶子、小草、小花（狗尾草、枫树叶、小菊花等都可以）。

第二步，用捡回来的叶子、小花设计艺术小造型。

第三步，将选中的叶子、小花涂抹上妈妈的亮甲油或者UV胶。

第四步，根据自己摆出的小造型，用小绳子扎起来。

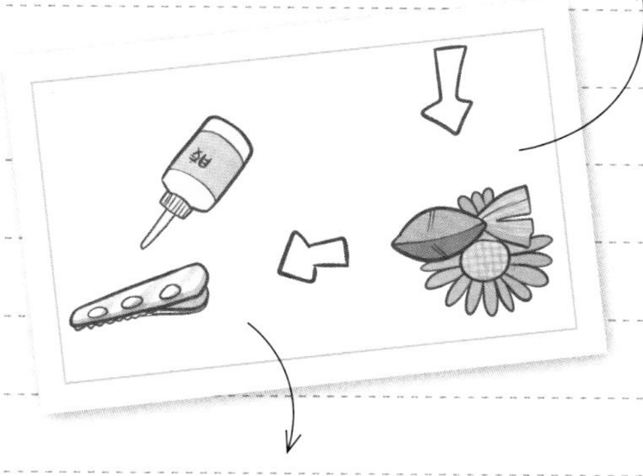

第五步，把发夹涂上UV胶，粘在小花或叶子的背后。

一款可爱的植物胸针就做好啦！快戴在胸前吧！

致谢

《藏在身边的自然博物馆》是原创的科普百科绘本，它的每一个字、每一幅画，都是“纯手工打造”。

两位主编是对科普创作抱有极大热忱的老师，长久以来，他们在各自的岗位上不遗余力地向少年儿童传播科学知识和科学精神。此次能够合作出版这系列体系庞大、知识面广泛的图书，依赖平时经验的积累，他们是希望借此触达更多孩子，启发孩子的科普兴趣，培养孩子的探索精神。

美术指导宋瑶老师带领的北京科技大学插画团队，历时2年多，用一笔一画描绘了大自然的鬼斧神工。

两位作者都是资深的童书作者，也是大自然的探秘者、动植物的爱好者。她们用一字一句勾勒了动物和植物的灵魂。

同时，下面这些人在《藏在身边的自然博物馆》的成功启动上起到了关键的作用。他们在科普知识的梳理上及在文字的反复雕琢上，都费尽了心血。他们有的是专门的动、植物研究人员，有的是青少年科普活动的组织者，有的是活跃在基础教育战线的实践者。在此，郑重对他们表示感谢：首都师范大学教师宋傲修， 中国科学院植物研究所博士费红红、张娇、吴学学、单章建，中国林业科学研究院硕士肖群瑶，华中农业大学博士李亚军， 北京林业大学硕士滕雨欣、学士石安琪。

《藏在身边的自然博物馆》在这样一个优秀团队的努力下，用这种图文并茂的方式呈现给小读者，希望能够激发大家观察自然、探索自然的兴趣，滋养热爱自然、保护自然的情怀。